SCANIA

Verlag Podszun-Motorbücher GmbH
Elisabethstraße 23-25, D-59929 Brilon
Email: info@podszun-verlag.de
Internet: www.podszun-verlag.de
Herstellung Druckhaus Cramer, Greven
ISBN 3-86133-369-4

Titelfotos: Scania (oben links), Dennis A. Child (oben rechts), Michael Müller (unten)
Rückseite: Dennis A. Child, Seiten 1 und 144: Scania

Jahrbuch 2005 Schwertransporte und Autokrane

PODSZUN

Liebe Leserin, lieber Leser!

Erstmals erscheint das „Jahrbuch Schwertransporte und Autokrane". Jahrbuch heißt lediglich, dass das Buch jährlich erscheint. Es geht also nicht darum, eine Chronik aller Schwertransporte eines Jahres zu erstellen, was sicher auch nicht möglich wäre. Es geht uns vielmehr darum, Ihnen jeweils eine bunte Mischung unterschiedlicher Themen rund um das Hobby Schwertransporte und Autokrane zu bieten. Dabei sollen aktuelle Transporte und Entwicklungen ebenso berücksichtigt werden wie historische Themen. Außer über Schwertransporte und Autokrane werden wir auch über Mobil- und Ladekrane berichten.

Dank gilt an dieser Stelle allen Autoren und Bildgebern, die in den letzen Wochen und Monaten mit Engagement und viel Zeitaufwand gearbeitet haben, damit das Jahrbuch rechtzeitig zur Frankfurter Buchmesse erscheinen kann. Ein technischer Hinweis: Namentlich nicht gekennzeichnete Abbildungen wurden von den Autoren der jeweiligen Beiträge zur Verfügung gestellt.

Ihnen, liebe Leserin, lieber Leser, wünschen wir viel Vergnügen mit dem Jahrbuch 2005 und nicht vergessen: das nächste Jahrbuch Schwertransporte und Autokrane, die Ausgabe 2006, ist ab Oktober 2005 erhältlich. Falls Sie selbst einmal für das Jahrbuch schreiben wollen, Kritik oder Anregungen anbringen möchten, schreiben Sie uns bitte an die unten stehende Adresse. Wir freuen uns auf den Kontakt mit Ihnen.

Ihr Redaktionsteam „Jahrbuch Schwertransporte und Autokrane"

P.S.

Sie können das Jahrbuch in Buchhandlungen oder direkt beim Verlag auch abonnieren. Fordern Sie kostenlos und völlig unverbindlich unser Gesamtverzeichnis an mit Büchern über Baumaschinen, Lastwagen, Autos, Motorräder, Traktoren, Lokomotiven und Feuerwehrfahrzeuge:

Verlag Podszun-Motorbücher GmbH
Elisabethstraße 23-25, D-59929 Brilon, Telefon 02961 / 53213, Fax 02961 / 2508
Email: info@podszun-verlag.de, Internet: www.podszun-verlag.de

Schaumann

Maschinen-Transport-Service in Schloss Holte-Stukenbrock

von Michael Müller

Erster Abschleppwagen, aufgebaut auf einem amerikanischen Geländewagen

Im Jahr 1947 wird die Firma Willy Schaumann in Berlin-Wannsee gegründet. Das Haupteinsatzgebiet ist der Abschleppdienst auf der damaligen Interzonenautobahn von und nach Berlin. Als Einsatzfahrzeug dient ein ehemaliges Militärfahrzeug, was mit einer Abschleppvorrichtung versehen ist. Nach immer größer werdenden Schwierigkeiten mit den Behörden der entstehenden DDR entschließt man sich 1952 zum Umzug nach Bielefeld.

In Bielefeld wird der Abschleppdienst weitergeführt. Durch den Wiederaufbau Deutschlands und die auflebenden Industriefirmen im Bielefelder Raum steigt der Arbeits- und Transportbedarf ständig. Der Fuhrpark wächst, ein Unimog wird angeschafft. Spezial- und Schwertansporte, zu dieser Zeit noch nicht gekannte Begriffe, sind neue interessante Aufgaben. Ein weiteres Fahrzeug kommt hinzu, ein ehemaliger Seilbaggeroberwagen montiert auf ein amerikanisches Armeefahrzeug. Der Bagger kann auch als Kran eingesetzt werden. Mit dem Unimog werden vielfältige Aufgaben gelöst, zum Beispiel der Transport von Erdtanks für Tankstellen der Firma Sulo aus Herford. Diese lädt man einfach auf den zweiachsigen Anhänger, fährt zur Baustelle und hebt sie mit den Kranen in die ausgebaggerten Bodenmulden. Ein Seilbagger sowie ein 125er Mercedeskipper sind jetzt im Fuhrpark vorhanden, man kann nun komplette Transport- und Montagearbeiten durchführen. Ebenfalls zum Bielefelder Straßenbau wird der Unimog eingesetzt, da er durch den eingebauten Kompressor gut für Stemmarbeiten mit Presslufthämmern geeignet ist. Dem ersten Seilbagger folgen weitere "Umbauten", die wieder

Die Abschleppvorrichtung wurde auf einem Lieferwagen montiert

Schwerer Kaelble-Abschlepper mit einem durch Unfall beschädigten angehangenen Büssing LKW

Schwerer amerikanischer Abschlepper mit Krupp-Titan am Haken

Unimog mit zweiachsigem Anhänger und Erdtank

Aus verschiedenen Komponenten gebauter Autokran bei Einhubarbeiten

teilweise auf ausgedientem Armeefahrzeugchassis sowie auf Kaelble-Fahrgestell aufgesetzt werden. Die rot-gelben Krane gehören seinerzeit zum täglichen Straßenbild. Größter Kran ist ein Gittermastkran auf einem vierachsigen Faun-Fahrgestell. Damit wird beispielsweise der Leineweber (Bielefelder Wahrzeichen) nach Restaurierung der Kriegsschäden durch die Firma Schaumann wieder auf seinen Sockel gehoben.

Anfang der sechziger Jahre erfolgt die Anschaffung der ersten Sattelauflieger mit zwei- und dreiachsigen Sattelzugmaschinen. So kommen Fahrzeuge von MAN 10.180 und 15.212 sowie Magirus Deutz 200er Saturn und 235 Pluto zum Einsatz. Der Kundenkreis erweitert sich ständig, die Wege werden weiter. Die Fahrerhäuser werden größer, das Nahverkehrsfahrerhaus weicht dem Fernfahrerhaus, da man nun nationale Fahrten durchführt. Ein neues Einsatzfahrzeug mit vielfältigen Einsatzmöglichkeiten ist die Anschaffung eines Nachläufer-Fahrgestelles. Mit der Kombination eines selbstkonstruierten Sattelaufbaues kann man die "Tiefladekundschaft", Maschinen- und Anlagebauer aus der Region, bedienen. Viele Maschinen werden so an ihre zukünftigen Kunden ausgeliefert. Ende der sechziger Jahre trennt man sich vom Krangeschäft und konzentriert sich ganz auf das Transportgeschäft. Das Hauptgeschäft ist nun der Transport von Betonteilen. Auch der Transport und die Montage von Maschinen haben nun ein Standbein im Unternehmen. 1970 werden die ersten Scania-Sattelzugmaschinen vom Typ "140 Super" sowie die ersten MAN 19.304 der Baureihe F8 eingesetzt. Bei dem Bau der Studentenwohnheime der Universität Bielefeld wird eine absolute Neuheit der Fa. Goldhofer eingesetzt. Zum Einsatz kommt der erste Tieflader, der eigenständig bis zu 30 t Ladung selbst auf- und abladen kann. Der "Swinglift" transportiert ein "halbes Dorf" zum Baugelände. Dirk Schaumann übernimmt 1983 die Geschicke des Unternehmens, 1985 wird der neue Platz an der Heller in Schloß Holte bezogen.

Bis in die neunziger Jahre werden vornehmlich Betonfertigteile und komplette Betriebsumzüge durchgeführt. Der erste Innenlader wird eingesetzt, ebenso der erste Planenhängerzug. Der Fuhrpark besteht fast ausschließlich aus MAN Fahrzeugen. Als eine der ersten Firmen setzt man eine vierachsige MAN Schwerlastzugmaschine vom Typ 41.502 VFS mit WSK ein. Ein weiteres besonderes Fahrzeug ist eine dreiachsige MAN Zugmaschine mit 500 PS, Typ

Bergungsarbeiten: Kaelble-Abschlepper mit Kranwagen

Faun-Unterfahrgestell mit Wilhag Gittermastkran bei Betonteilehub

Kranfuhrpark mit seltenem Kaelble-Fahrgestell

Mercedes Benz Kipper, beim Beladen mit eigenem Bagger

MAN mit Nachläufer, beladen mit Betondachbindern

MAN mit aufgesatteltem Lastrahmen und Maschinenbauteil am Grenzübergang

Zwischenstopp an der Autobahn

Dreiachsige MAN Zugmaschine mit kurzem Fahrerhaus

Beladearbeiten in einer Werkhalle auf einen Magirus Deutz Frontlenker 235 D

Scania 140 mit Kesselladung bei einer Polizeiübergabe

Der Swinglift von Goldhofer: erstes Fahrzeug für Schaumann.

Der Swinglift bei der Arbeit mit 30 t Ladungsgewicht

33.502. Auch eine dreiachsige Haubenscania Sattelzugmaschine, Typ 143E mit dreiachsigem Goldhofer-Tiefader, ist im täglichen Geschäft. Zwischenzeitlich ist man 1994 auch der Euromietkrangruppe beigetreten, verläßt diese 1995 aber wieder. 1996 ist die Bauwirtschaft in Ost und West fast zum vollständigen Erliegen gekommen. Man bemüht sich nun um das sich im Aufbau befindliche Betätigungsfeld "Windenergie". Um die neuen Transportaufgaben zu lösen, werden die ersten acht Achslinien aus dem Hause Goldhofer vom Typ THP-ET mit dazugehörigem Kesselbett im Jahr 2000 angeschafft. Transporte mit 100 t Nutzlast sind nun kein Problem mehr. Eine weitere Innovation im Fuhrpark ist der Prototyp einer vierachsigen Scania 144/530 mit Voll-Luftfederung. Dieses Fahrzeug läuft im Feldversuch bei Schaumann und zeigt keine Mängel. Die nächste Zugmaschine, ein Scania 164/580 8x4, erweitert den Fuhrpark. Um nicht immer auf fremde Begleitfirmen zurückgreifen zu müssen, werden die ersten Begleitfahrzeuge beschafft. Dieses hat den weiteren Vorteil, dass das firmeneigene Personal mit dem Fahrzeug vertraut ist und bei Bedarf mit eingreift. Die Abmessungen der Windkraftanlagen werden immer größer in Ihren Abmaßen. Innovativ wird in Zusammenarbeit mit der Fa. Broshuis in Holland der "Triple Wing Carrier" entwickelt. Der Auflieger lässt sich auf eine Länge von 45 Meter ausziehen. Des weiteren ist durch optimale Gewichtsreduzierung der Transport von zwei Flügeln möglich, ohne die genehmigungs-

MAN 19.304 mit mittlerem Lastträger und aufgeladenen Betonteilen

Betonteil-Abladestelle mit MAN 19.304

Scania 140 mit Nachläufer und Lastrahmen von Goldhofer

MAN Flotte mit 33.502

MAN 26.321 mit vierachsigem Nachläufer und drei Betonteilen

intensive 40 t Marke zu überschreiten. 2002 werden die ersten von Goldhofer hergestellten "Mastschussadapter" eingesetzt. Sie ersetzen das Kesselbett und ermöglichen durch das hydraulische Auf- und Abbewegen des Rahmens eine wesentlich höhere Bodenfreiheit. Mittlerweile sind drei solcher Mastschussadapter bei Schaumann im Einsatz. Ein weiterer Prototyp nach Vorstellungen der Fa. Schaumann, MAN TG 510 A, angefertigt von der Fa. Maurer mit vier Achsen, wird ab 2002 eingesetzt. Ein weiterer Scania 164/580 8x4, voll luftgefedert mit ZF Transmatic Getriebe, ergänzt 2003 den Fuhrpark. In diesem Jahr kommt ein weiteres Highlight auf den Platz. Der erste fünfachsige Scania 164/580 als 10x4 mit ZF-Transmatik und komplett luftgefedert. Dieses Fahrzeug ist das erste seiner Art, welches in Deutschland zugelassen wird. Nur durch das fachliche Wissen des Herrn Schaumann in Zusammenarbeit mit Scania/Lachsa ist es nach eineinhalb Jahren Genehmigungsprozedur gelungen, dieses Fahrzeug zulassungskonform zu gestalten. Ein weiteres Highlight dieses Jahres ist der Erwerb einer Kesselbrücke mit 200 t Nutzlast. Die neue Generation von Windkraftanlagen macht es nötig, dass solche großen Fahrzeuge nun zum Einsatz kommen. Allein der Generator wiegt etwa 200 t. Dieses setzt

Scania Haubenzugmaschine 143 E mit dreiachsigem Goldhofer-Tieflader

natürlich eine erfahrene Mannschaft voraus, die sich mit solch großen Abmessungen auskennt. Eine gute Streckenerkundung ist hier ebenfalls absolute Voraussetzung. Mit diesen Abmessungen wird jedoch nach Möglichkeit der weitest mögliche Weg zu Schiff zurückgelegt. Und auch hier betritt die Fa. Schaumann wieder Neuland, da bisher noch niemand solche Gewichte in einer Kesselbrücke in Gegenden bewegt hat, wo Windkraftanlagen, die nur auf teilweise unbefestigten Wegen zu erreichen sind, stehen sollen. Gleichzeitig entsteht momentan bei Broshuis ein Triple Wing Carrier mit einer Länge von 60 Metern zum Transport der neuen Megaflügel.

MAN 32.361 und Goldhofer-Tieflader, beladen mit Gittermastraupe

Mercedes Benz mit dreiachsigem Nachläufer mit kleineren Reifen

Neuartiger Innenlader von Langendorf

Durch die nicht durchgehenden Achsen ist die Ladehöhe der Teile bis vier Meter möglich

Verladung eines Deckenkranes auf einem ausgezogenen Sattelauflieger

Großer Tank für lange Reisen am MAN 26.463

MAN 41.502 im Euromietkran Einsatz

MAN 26.463 mit Goldhofer-Tiefbettauflieger

MAN FE 460 A mit Tiefladerauflieger

Auch mit Nachläufer ist der MAN 41.502 im Einsatz

Vierachsiger Scania 144 G mit Goldhofer-Kombination, beladen mit Energiestation

Generatortransport einer Windkraftmaschine mit Scania 164 G

Am Abladeort angekommen, MAN FE 600 A mit Generatorenhaus

Narbentransport mit dreiachsiger Scania 164 G

Vierachsige Scania Zugmaschine 144 G

MAN FE 600 A mit aufgesatteltem Goldhofer-Kesselbettauflieger

Noch neu blitzende Auspuffanlage am MAN FE 600 A

Goldhofer Transportrahmen in Leerfahrtstellung mit MAN FE 600 A

Das Fahrzeug von der anderen Seite

Goldhofer
Schaumann
Goldhofer
Goldhofer

Goldhofer-Transportrahmen im Kurveneinsatz

Einige Baustellen sind nur in Rückwärtsfahrt zu erreichen

Ein Waldweg erfordert den ganzen Einsatz von Mensch und Maschine

Zwei Begleitfahrzeuge (BF3) aus dem eigenen Fuhrpark

Noch im neuen Glanz, MAN FE 460 A

Dreiachsiger Mercedes Benz 2657

MAN 41.510 XXL, erster gebauter Vierachser dieses Typs der Fa. Maurer

Mercedes Benz 3353 mit dreiachsigem Goldhofer Tieflader

Hier sieht man die Vorspannung des leeren Goldhofer-Tiefladers

Auch mit vierachsigem Sattelauflieger unterwegs

Kraftpaket von Scania. Als Auflieger einer der Goldhofer-Mastrahmentransporter

Abfahrbereit zum nächsten Einsatz

Mit der Goldhofer Transportvorrichtung können auch Buckel überfahren werden, der Transportrahmen lässt sich hydraulisch hochpumpen

Zwei Scania nebeneinander, einmal der 144G mit 480 PS und der 164G mit 530 PS

Mercedes Benz 2657 mit angehängtem Tiefbett

Der Transport eines Maschinenbauteils ist der erste Einsatz der neuen 200 t Kesselbrücke

Scania 144 G mit 530 PS, dreiachsigem Goldhofer-Tieflader mit Tiefbett und Raumzelle für ein Krankenhaus

Schaumann
SCANIA
144G
530
GT DS 530
Schaumann

Neuestes Flaggschiff, der erste in Deutschland zugelassene fünfachsige Scania

Der Fuhrpark von Schaumann besteht zur Zeit aus:

1x MAN FE600A	vierachsig
1x MAN FE460A	vierachsig
1x MAN TG510A	vierachsig
1x MAN TG530A	dreiachsig
1x MAN FE460A	dreiachsig
2xMAN 41.530	vierachsig
1x Daimler Benz 2657	dreiachsig
1x Daimler Benz 3353	dreiachsig
1x Daimler Benz 2648	dreiachsig
div. Tieflader und Auflieger	

1x Scania 164G 580	fünfachsig
2x Scania 164G 580	vierachsig
1x Scania 164G 530	vierachsig
1x Scania 144G 530	dreiachsig
1x Scania 164G 480	dreiachsig
1x Scania 144L 460	dreiachsig
34 Goldhofer Achslinien THP-ET	
4 BF3 Fahrzeuge	

Ladekrane

Die nützlichen Helfer des Handwerks

von Frank Steckemetz

Ladekrane sind in unterschiedlichen Größen und Varianten nützliche Ladehilfen, um die Rücken der Handwerker zu schonen und zu entlasten. Aufgebaut auf Kleintransporter, bis hin zum Vierachser-Lkw, sind sie in der Lage, Lasten in bis zu 40 m Höhe abzusetzen, wie etwa Dachziegel. Durch die ständige Verfügbarkeit ist es gelungen, die Be- und Entladezeit drastisch zu verkürzen und dadurch die Kosten zu senken.

So vielfältig wie sie einsetzbar sind, sind die Varianten auch in Ausführung und Hubkraft. So bietet zum Beispiel ein Kranhersteller allein über 200 verschiedene Modelle an. Am meisten verbreitet ist der herkömmliche Ladekran, der in Fahrtstellung quer zur Fahrtrichtung zusammengelegt ist. Dazu kommen die V-Krane, die vorwiegend auf Kippern und Holzfahrzeugen zu finden sind. Sie sind längs zur Fahrtrichtung aufgebaut. Und vielfach auf Baustoff-Fahrzeugen zu finden sind L-Krane und können nicht eingeklappt werden.

Ebenfalls häufig auf solchen Holzfahrzeugen zu finden ist der Z-Kran, der quer zur Fahrtrichtung abgelegt wird. Dort kann ein Anbaugerät, wie beispielsweise der Holzgreifer, angebaut bleiben. Dadurch sind allerdings maximal drei hydraulische Aushübe realisierbar. Montagekrane werden, wie L-Krane, längs zur Fahrtrichtung über das Fahrerhaus abgelegt. Das ist wegen der Mastlänge erforderlich.

Pick-up Krane werden vorwiegend im Innenstadtbereich eingesetzt. Es sind Krane, die auf Abschleppfahrzeuge aufgebaut sind. Deren Hubkraft beginnt bei 0,5 m/t im Bereich der Minikrane und endet derzeitig beim 220 m/t hebenden Effer-Ladekran. Letzterer benötigt als Basis ein Vierachs-Fahrgestell und kommt nicht unter 32 t Gewicht auf die Waage. Die Hubkraft wird in Meter-Tonnen angegeben, was der theoretischen Hubkraft des Kranes gleich kommt. Sie wird von vielen Faktoren wie Mastlänge, Anbaugerät usw. bestimmt.

Bei der Wahl eines Ladekrans sind immer das Fahrgestell, die Nutzlast und die Standsicherheit ausschlaggebend, denn ein 15 m/t Kran beispielsweise kann durch das Eigengewicht schon nicht mehr auf ein 7,5 t Fahrgestell aufgebaut werden. Bei Kranen über 15 m/t Hubkraft wird zur Verbesserung der Standsicherheit auf die 4-Punkt-Abstützung und bei größeren Kranen sogar häufig auf die 6-Punkt-Abstützung zugegriffen.

Bei Schwerlastladekranen ab rund 35 m/t können bis zu neun hydraulische Ausschübe geordert werden, so dass eine Reichweite von über 22 m zur Verfügung steht. Mit einem dritten Mast, dem sogenannten Jib, können noch einmal bis zu 12 m summiert werden, so dass insgesamt mehr als 30 m Mastlänge eingesetzt werden können. Bei einem solchen Kran wird vorwiegend auf Höhe gearbeitet, da bei 30 m Reichweite kaum noch Traglast vorhanden ist. Es sei denn, die Hubkraft des Krans ist wesentlich höher (mindestens 60 m/t). Noch größere Reichhöhen haben die Montagekrane. Dort liegt die Grenze bei rund 58 m, wie etwa die Reichhöhe des Cormach 120 000 tech.

Palfinger Pk 72002 E

Palfinger Pk 27000 E mit Jib PJ 135 C und Wendegabel für Gipsplatten

Palfinger Pk 27000 E mit Jib PJ 135 C und Wendegabel für Gipsplatten

BRANDT
BRANDT
Krane und Schwertransporte GmbH
DAF
BRANDT
Tel. 030/75770-0

BRANDT
HMG 671
DAF

HLK 671

HIAB 550

Mercedes-Benz Actros 4148 8x8/4 mit Effer 1150 S8 Kran

Effer 1150 S8, Eigengewicht des Krans etwa 11 t. Er hebt bei 20,50 m 3,5 t

Mercedes-Benz
Actros 3235 8x4/4
mit Palfinger Pk 75000 E

HIAB XS 700

Palfinger Pk 66000

Palfinger Pk 680 Taka

Palfinger Pk 16000 L
Langarmkran

Palfinger Pk 48000

Palfinger Pk 48000

Palfinger Pk 60000

Iveco Euro Trakker 190 E 42 6x4/4 mit Palfinger Pk 75000 E

Foresteri Kran mit Greifer auf Abrollkipper

HIAB 250

Scania T 144 G 460 6x4/2 mit HMF 1150 Kran

Mercedes-Benz Actros 4143 8x4/4 mit Fassi F 170.23

Effer NE 62 (oben)

Heckansicht eines Jonsered-Krans (links)

Atlas 100.1 mit Greifer (unten)

MAN FE 460 A 8x4/4 mit Effer 920 S4

Cormach 40000

Loglift 135 Z, Kran ist mit dem Greifer quer zum Fahrzeug einklappbar

Loglift 241 SL, Kran kann nur längs zum Fahrzeug abgelegt werden

DAF CF 85-480 8x4/4 Zugmaschine, 120 t Zuggesamtgewicht, 22 t Eigengewicht, Ladekran MKG HLK 671a6

MKG HLK 195a4

Scania R 143 E 450 8x4/4 Wrecker mit MKG Kran

MKG HMK 950 mit Schmalkabine

MKG HMK 110a2 Pick-up Kran mit nur einem Hubarm zum Abschleppen von Pkw

MKG HMK 750, 52 m maximale Reichhöhe

Der neue Liebherr Mk 100 10x8/10 Mobilbaukran wurde auf der Bauma 2004 vorgestellt, jetzt bei Brandt in Berlin

Iveco Schwerlastzugmaschine

Daten

Radstände:	1^2= 1.760 mm
	2^3= 1.440 mm
	3^4= 1.380 mm
Überhang hinten:	785 mm
Tankinhalt:	700 l
Achsen:	1. Iveco 5886, 52° Lenkeinschlag
	2. Iveco 5876
	3. u. 4. Iveco Außenplaneten 453291
Bremse:	komplett Druckluft Trommelbremse

von Frank Steckemetz

Die Brandt Krane Schwertransporte GmbH in Berlin bekam 2001 die erste und bisher einzige Iveco Schwerlastzugmaschine in Deutschland geliefert. Bei dem Fahrzeug, das mit Euro-Star Fahrerhaus ausgestattet ist, wurden bei Sivi in Italien diverse Umbauten durchgeführt. Hinter der Bezeichnung LDL 410 E 54 T/BU EZ 250 8x4/4 verbirgt sich eine 8x4/4 Zugmaschine mit Cursor 13 Motor mit 540 PS Leistung, 41 t zulässigem Gesamtgewicht und 250 t zulässigem Gesamtzuggewicht. Das Fahrzeug ist mit Hängerkupplung 6.945 mm (ohne 6.745 mm) lang, 2.550 mm breit und 3.681 mm hoch. Als Getriebe ist ein ZF 16 S 251 mit 16+2 Gängen in Verbindung mit einer WSK 440 verbaut. Beide Lenkachsen sind für 8,5 t und die Antriebsachsen für 13 t Achslast ausgelegt. Dabei ist die Vorlaufachse die einzige luftgefederte Achse, diese kann jedoch nur bei Leerfahrt entlastet werden. Die Jost Sattelkupplung JSK 38 C 1 ist auf einer Verschiebeeinrichtung Typ EV-HD-800-2 montiert. Die Anhängerkupplung von Sivi ist für 250 t ausgelegt. Zur Zugmaschine wurde noch ein 2+5-achs Faymonville Baggerbett angeschafft. Mit Verbreiterungen kann es als Tiefbett eingesetzt werden. Um die Fahrzeughöhe zu reduzieren, wurde eine Baggermulde im hinteren Fahrwerk eingelassen. Das Bett kann umgerüstet werden.

030/757 78-0

030/75778-0
www.brandtkrane.de

030/75778-0
www.brandtkrane.de

Iveco Schwerlastzugmaschine LDL 410 E 54 T/BU EZ 250 8x4/4 im Einsatz vor dem Berliner Olympiastadion

„Goliaths in Action“

Schwertransporte in Südafrika

von Dennis A. Child

In den letzten 30 Jahren, in denen ich in Südafrika gelebt habe, konnte ich dort meiner Leidenschaft für Trucks nachgehen und wurde Zeuge ungewöhnlich riesiger Schwerlasttransporte. Wenn man die „Pacifics“ bei der Arbeit sieht, dann erfüllt sich der Traum eines jeden Enthusiasten.

Folgende Enthusiasten, die über die ganze Welt verstreut sind und in engem Kontakt zu mir stehen, sollen wegen ihrer Unterstützung und wegen ihres Einflusses auf mein Wissen um die Schwertransporte besonders erwähnt werden: Pete Smith, Martin Phippard, Dick van Rees, Guy Spurr, Richard Carl Mark, Paul Scase, Ralf Koch, Wayne Magee und Bob Johnson von Pacific Truck and Trailer.

Besonders bedanken möchte ich mich bei meinem Freund Leon de Beer, der mich 1999 in die USA und nach Kanada begleitet hat auf der Suche nach Alternativen zu den Ultra Pacifics. Seine mehr als 30-jährige Erfahrung auf dem Gebiet der Schwertransporte und seine Kenntnisse waren immer wieder hilfreich, und einige seiner Fotos, die er in den frühen siebziger Jahren gemacht hat, sind von ihm zur Verfügung gestellt worden.

Überblick und Historie

South Africa Transport Services (MTS Motor Transport Services)

Der erste Straßenbeförderungsdienst wurde am 23. Dezember 1912 zwischen Bot River und Hermanus über eine Distanz von 32 km eingerichtet. Der ursprüngliche Verkehr war auf den reinen Güterverkehr beschränkt. Am 1. Januar 1920 wurde in Transvaal der erste Straßengüterverkehr zwischen Pietersburg und Haenertsburg über eine Distanz von 63 Kilometer eingeführt. Zwei Fahrzeuge, jedes mit einer Nutz-

Der Autor dieses Artikels, Dennis A. Child, vor Frasers Heavy Rigging MAN 48.700 8x8 Zugmaschine (1984)

Scammell 6x4 Zugmaschine mit einem Druckbehälter (1973)

Sammell 6x4 Zugmaschine mit einem Terex Dumper

Tandem Scammell 6x4 Zugmaschinen mit Wabco Dumper (1974)

last von 750 Kilogramm, waren zur Personenbeförderung und zum Güterverkehr eingesetzt.

Im Jahr 1922 wurden die ersten Fünftonner in Dienst gestellt und 1925 wurde die Gesamtstrecke auf 806 Kilometer erweitert. 1948 kaufte die Regierung fünf 20-Tonnen-Tanktransporters für den Transport von außergewöhnlich großen Lasten, die mit der Bahn nicht befördert werden konnten. Die dann angeschafften 45-Tonnen-Auflieger waren damals auf Südafrikas Straßen die größten überhaupt. Diese Schwerlastzugmaschinen wurden unter anderem dazu benutzt, Ausrüstung und Maschinen aus Durban zu Zementfabriken nach Orkney und Simuna zu bringen. Es handelte sich um Entfernungen von 685 beziehungsweie 283 Kilometern. In Südwest-Afrika wurden Maschinen über eine Entfernung von 870 Kilometern auf 45-Tonnen-Auflieger zwischen Walvis Bay und Tsumeb bewegt.

Das ständige Anwachsen des Bedarfs an Transportmöglichkeiten hatte zur Folge, dass heutzutage eine Flotte von 2 084 Fahrzeugen im Einsatz ist, bestehend aus: 534 Passagierfahrzeugen, 265 Fahrzeugen für den Transport von Waren und Passagieren, 1 285 Zugmaschinen und 3 444 Anhängern und Aufliegern. Die Motoren der ersten Fahrzeuge leisteten 20 PS und erreichten damit eine Höchstgeschwindigkeit von 40 km/h. Heutige Fahrzeuge sind dagegen ausgestattet mit Maschinen von 224 kW (300 PS), die eine Dauergeschwindigkeit von 90 km/h ermöglichen.

In den frühen 1950er Jahren gründeten die South African Transport Services (SATS) den ersten zentralen Schwerlast-Bereich Langlaate in Johannesburg, eine Werkstatt für jede Art von Schwerlastverkehr, in der auch Reparaturen ausgeführt wurden. SATS betrieb den größten Fahrzeugbestand der Welt von Oshkosh E, mehr als 500 Stück. Nur zwei von ihnen waren nicht mit CAT-Motoren ausgestattet, sie hatten ADE-Motoren, die in Cape Town hergestellt worden waren.

Die Größe dieses Unternehmens spiegelt sich in der Ausstattung. 1955/56, als 121 Schwerlasttransporte bewegt wurden, war die größte Einheit ein 56-t-Trailer. Nur vier Jahre später war bereits ein 120-t-Trailer im Einsatz. Heute variiert die Ausstattung zwischen dem H20 Auflieger mit einer zulässigen Nutzlast von 18 000 kg und dem 2x12 Achser Ultra Nicolas mit etwa 413 000 kg Nutzlast, womit diese zu den größten der Welt gehören. Es bedarf aber fünf International Pacifics in einer Ausführung von jeweils

549 kW, um die Antriebskraft zu erreichen. Insgesamt sind bei SATS etwa 50 verschiedene Kombinationen von Anhängern, Sattelanhängern und Aufliegern für den Schwerlastverkehr in Betrieb.

Die Geschäftspolitik war immer darauf ausgerichtet gewinnbringend zu arbeiten, so dass sich exorbitante Ausgaben bei der Anschaffung schnell amortisierten. So ist die Anschaffung des 132 592 kg Nutzlast 20-Achsers zu verstehen, der für den Transport von Lasten zum Kraftwerk Koeberg in Cape Town eingesetzt wurde. In der SATS-Firmensprache wird er der „1x20 Nicolas Koeberg Trailer" genannt, ähnlich wie die 2x12 „Flour dollies" die für den Transport von Gütern zwischen Richards Bay und Secunda eingesetzt wurden.

1977 schaffte die SATS den Ultra Nicholas 12x12 Auflieger an. Der war notwendig für die Erstellung des geplanten Eskom Kraftwerks. 1978 transportierte SATS zwei Getriebeöl-Bauteile mit einem Gewicht von 292 und 272 Tonnen zur Sasol Raffinerie in Secunda. Ein paar Monate später gingen zwei 306,1 Tonnen schwere, 57 m lange, 5,3 m breite und 5,77 m hohe Türme auf Nicolas 12x12 an Sasol. Die SATS betrieb zu der Zeit 23 Pacifics. 1985 kamen vier Trucks der neuen Generation MB AS3850 und MAN 40.700 6x6 dazu. Außerdem kaufte SATS im selben Jahr den weitaus größten beam trailer aus Italien, den Supra Cometto 14x14 mit einer Nutzlast von 450 Tonnen und unter bestimmten Bedingungen von sogar 1 000 Tonnen. Bei einem Gewicht von 290 Tonnen und 80 Meter Länge war dieses Monster nur sechs Mal eingesetzt, um mit 370 Tonnen Turbinen für Eskom auf Reise zu gehen. Die einzige Ausnahme: 1994 transportierte der Supra Cometto eine Tunnel-Bohrmaschine von 42 Tonnen für das Lesotho Highlands Projekt. Kein anderer Trailer hätte solch schwere Generatoren transportieren können.

1993 wurde der gesamte Maschinenpark von SATS (SAR&H Abnormal Load Division) an Eskom, Abteilung ROTEK (Rotran Engineering on Wheels) verkauft.

Transportfirmen

Im Laufe der Jahre hat Südafrikas Transport-Szene viele Firmen kommen und gehen sehen. Mitte der siebziger Jahre kristallisierten sich zwei dominierende Firmen heraus, gekennzeichnet durch die Tonnage, die zu befördern sie in der Lage waren. Das waren in jenen Tagen ganz eindeutig die SATS und die bekannte D&H Omnibus Group. Diese hatte einige gut gebaute amerikanische Fahrzeuge im Einsatz, die aber nur bis zu 150 Tonnen Nutlast aufzuweisen hatten. Die Gruppe betrieb beeindruckende KW Brutes C500 und Mack DM800 und einzigartige Zugmaschinen-Kombinationen von Cometto und Fruehauf.

Die Tendenz in den siebziger und achtziger Jahren ging zu amerikanischen Zugmaschinen wie Mack und Kenworth. Die SAR&H Ausstattung belief sch auf 23 Pacifics, zwölf Macks, acht ERF und Foden. Mitte der achtziger Jahre gewannen MAN und Mercedes 6x6 an Bedeutung im Schwerlastbereich, Hightech Maschinen, aber begrenzt auf 200 Tonnen.

1984 kaufte Henry Fraser von „Frasers Machine Moving & Rigging" den ersten MAN 48.700 8x8. Im Lauf der Jahre schaffte er drei weitere an und 1998/99 stieß er sein Unternehmen ab. Er experimentierte dann mit einem Mercedes-Benz AS 3850 6x6, gab diesen aber nach intensiven Tests zurück. Der Mercedes landete schließlich bei Redruth Transporte.

Mercedes-Benz SA erwarb zusätzliche 3850 und lackierte sie in SAR&H-Farben, SAR&H aber war nicht daran interessiert, weitere Stücke zu kaufen. Diese wurden dann von L&C Steinmuller, Parsons, Redruth, Catmac Scharringhausen Mining erstanden. Später wurden sie an Reyneckes Transport weiterverkauft. Die kleineren Firmen, die zu erwähnen sind, waren Q Transport, Catmac, Frasers, Reyneckes, Redruth, Steinmuller und Parsons. In Zimbabwe erwarb ZESA (Zimbabwean Electricity Supply Authority) mit Subventionen aus China drei Mercedes-Benz AS 3850 mit einer chinesischen Nachbildung des Nicolas beam trailers. Das Modul bestand aus 38 Achsen und war zu der Zeit der längste in Südafrika. Jahre später wurde versucht, den trailer zum Bewegen eines 160-Tonnen-Transformators zu nutzen, aber da krümmte sich der Auslegerbalken. Letztlich transportierte SAR&H das Teil bis an die Grenze und ZESA brachte ihn dann in das Depot nach Harare.

Alle Lasten, die 200 Tonnen überschritten, wurden über die Straße nach Highveld geführt, was einen 1 300 Kilometer ausmachte. Meistens war die B Route bewilligt (Richards Bay-Pongola-Piet Retief-Ermelo-Bethal-Secunda), die schwierigste Route von allen. Heute kann man an den Beschädigungen der Straßenoberfläche erahnen, wie viele Millionen Tonnen von Maschinen, Reaktoren, Transformatoren, Generatoren und Turbinen bei einem Gefälle von bis zu acht Prozent an den Bestimmungsort geliefert wurden.

Mack DM 686 6x4 Zugmaschine mit einem 120 Tonnen Transformator (1974)

Ultra Pacific P12W3 (800 hp) mit Ultra Nicolas 12x12 beam trailer, der einen 260 Tonnen Generator trägt (1977)

Foden 6AC 6x4 Zugmaschine mit Nicolas 8 Achsen Modul und einem O&K RH 75

Frasers Heavy Rigging MAN 48.700 8x8 Zugmaschine mit Nicolas 8 Achsen Modul und einem 120 Tonnen Transformator

Mammoet MAN 48.700 8x8 Zugmaschinen „push and pull" mit Nicolas 5+8 Achsen Modul und 135 Tonnen Druckbehälter

Frasers Heavy Rigging MAN 48.700 8x8 Zugmaschinen Tandem mit Nicolas 20 Achsen Modul und 451 Tonnen Reaktor

Bei den bekanntesten Transportfirmen jener Zeit, die bis zu 150 Tonnen Nutzlast fahren konnten und die für die chemische Industrie, den Bergbau oder die Energieerzeugung im Einsatz waren, handelte es sich um Q Transport, Arrow Transport, Transcor, Frasers Machine Moving & Rigging, Hultrans, Mammoet SA und SAR&H Abnormal Load Division. In der Kategorie von mehr als 150 Tonnen spielen zwei Unternehmen die Hauptrollen: SAR&H Schwertransporte und Frasers Machine Moving & Rigging. Das waren die Firmen, die die notwendige Ausrüstung hatten. 1998/99 wurde ein Zeichen gesetzt mit dem Verkauf von Frasers an Mammoet (NL), wobei man Südafrika unterhalb des Äquators im Visier hatte. 1993 warf die Schließung von SAR&H und der Aufbau von Rotran Engineering on Wheels einen neuen Blickwinkel auf den Schwerlastverkehr in Südafrika. Die einzigen anderen Unternehmen auf dem Markt, die den beiden Hauptbetreibern hätten gefährlich werden können, waren Reynecke Transport und Redruth Transport. Sie aber hätten mit ihren Fahrzeugen lediglich Transporte bis zu 200 Tonnen Höchstlast abwickeln können.

Der Grund, warum beide Unternehmen, sowohl SAR&H als auch Frasers sich für den Verkauf ihrer Anlagen entschieden, basiert auf Untersuchungen, wonach sie zehn Jahre im Voraus hochrechnend zu der Überzeugung gelangten, dass die Gewinnperiode der letzten dreißig Jahre beendet sei. Es standen keine weiteren großen Projekte mehr an. Auf Grund dieser Erkenntnis in Verbindung mit den hohen Personalkosten und dem nicht ausreichenden Einsatz der Geräte und Maschinen schien eine Schließung die beste Lösung zu sein. Eskom, der größte Einzelnutzer der Betriebsanlage, witterte eine Chance und kaufte den Fuhrpark von SAR&H. Der niederländische Konzern Mammoet sah eine Möglichkeit, seinen Marktanteil weltweit zu erhöhen indem er das Gebiet südlich der Sahara eroberte.

Die zwei Tagebau Zink-Hüttenwerke, die am Northern Cape und in Namibia gebaut werden sollen, würden für die regionalen Schwertransportunternehmen ein großes Geschäft bedeuten. Die Projekte am Northern Cape werden sehr schwer zu versorgen sein, da die Lasten in Kapstadt ausgeladen werden müssen. Weil alle wichtigen Transportfirmen in der Region um Johannesburg stationiert sind, müssten die Transporte etwa 2 000 km runter nach Kapstadt fahren, abladen, neu beladen und danach wiederum 2 000 km zum Abbaubetrieb fahren.

Girder/Beam Trailer

Ich habe oft gedacht, dass die Methode, wie man große Transformatoren bewegt, ziemlich schwerfällig wenngleich interessant ist. Wenn man sich in der Welt umsieht, stellt man fest, dass große Tragwerke durchaus üblich sind, insbesondere für das Bewegen von Transformatoren und Generatoren. Es ist noch nicht lange her, dass man glaubte, die Zeit der Auflieger sei vorbei und dass in Zukunft all diese Transporte mit Baukasten-Drehgestellen (modular bogies) durchgeführt werden würden. Offensichtlich scheint das ja auch Sinn zu machen, aber der „girder beam trailer" zeigt sich zumindest in manchen Bereichen ähnlich flexibel.

Beim Transport einer Last ist es möglich, die Gesamthöhe zu verringern, um den Boden freizugeben. Zur Erläuterung: Auf jeder Seite des Trägers ist eine Anordnung von Modulen mit einer Anzahl von Rädern, normalerweise 10 bis 14 Achsen. Sie werden hydraulisch gesteuert und sind in der Lage, die Räder anzuheben oder zu senken. Auf jedes Modul ist eine riesige Ramme aufgebaut, die ein Spreizgerät hat, das am Modul gesichert ist. Das erreicht eine gleichmäßige Verteilung der Last sowohl auf die Achsen als auch auf die Drehscheibe. Der Eisenträger, der den Transformator sichert, ist verbunden mit der großen hydraulischen Ramme. Die Rammen sind gestreckt, um den Transformator anzuheben und die Last auf einer bestimmten Höhe zu halten. Ein hoch spezialisierter Maschinist kontrolliert das Heben und Steuern während des gesamten Vorgangs mit Hilfe eines Diesel-Antriebsaggregats, das auf dem hinteren Achsmodul angebracht ist und von dort den Auflieger mit hydraulischem Druck versorgt.

Wenn man den normalen flachen modularen Auflieger, der tatsächlich wie ein großer flacher Tisch auf Rädern wirkt, mit einem Girder/ Beam Trailer vergleicht, dann werden die Vorzüge beim Transport von Transformatoren deutlich. Der Vorteil eines Girders/ Beam Trailers ist, dass dieser um den Transformator herum montiert und vom Boden abgehoben ist. Die andere Möglichkeit sind große Generatoren, die in den Schacht des Trailers hinab gelassen sind. Probleme ergeben sich, wenn die Auswuchtung nicht gleichmäßig ist. Da ist exaktes Platzieren besonders notwendig. Der Girder/Beam Trailer erlaubt mit diesem Modul, Brücken ohne Schwierigkeiten zu überqueren.

Frasers Heavy Rigging MAN 48.700 8x8 Zugmaschine mit Nicolas 7 Achsen Modul und einem 120 Tonnen Transformator

Frasers Heavy Rigging MAN 48.700 8x8 Zugmaschine mit Nicolas 9 Achsen Modul und einem 150 Tonnen Transformator

Frasers Heavy Rigging Kenworth W 900 und MAN 48.700 8x8 Zugmaschine...

...mit Nicolas 13 Achsen Modul und einem 250 Tonnen Transformator

Mammoet MAN 48.700 8x8 Zugmaschine mit Nicolas 13 Achsen Modul und einem 150 Tonnen Transformator

Dann kann die sorgfältige Abstimmung der hydraulischen Aufhängung die totale Stabilität von Last und Auflieger garantieren. Das modulare System des Trailers kann Probleme machen, wenn die Transportanforderungen eine bestimmte Anzahl von Achsen unter Last erfordern, um eine mögliche Beschädigung der Straßenoberfläche zu vermeiden. Das kann dazu führen, dass ein 24-Achser eingesetzt werden muss, wo ein 8-Achser gereicht hätte. Es überrascht nicht, das sich trotz hydraulischer Abstimmung der Auflieger unter Last biegt. Wenn man ein beladenes Modul sieht, stellt man fest, dass die äußeren Achsen sehr nah am Bode sind. Man meint, diese Abweichung ausgleichen zu können, indem man über die volle Länge Spreizholme einpasst. Dies stellt aber nur eine Teillösung dar, besonders wenn man die riesigen Entfernungen in Südafrika berücksichtigt. Wenn allerdings die Hydraulik ausfallen sollte, wird sich die Last zur gegenüberliegenden Seite neigen und im Falle eines hoch gelagerten Gleichgewichtspunkt herunterfallen. Wenn ein 340-Tonnen-Transformator hochgehoben wird, nachdem er heruntergefallen ist, hat er mit 99-prozentiger Sicherheit innere Schäden.

Die größten Trailer der Welt laufen bei SAR&H Schwertransporte mit einem Fassungsvermögen von 350 bis 450 Tonnen. Einsatzhöhe, Entfernungen und geografische Bedingungen, ähnlich denen in Spanien mit extremen Außentemperaturen von -10° bis + 46° Celsius erschweren das Planen großer Transporte. Die größte Sorge aber bereiten Standsicherheit, schlechte Straßenverhältnisse und das Ent- und Beladen. Die meisten Versorgungsunternehmen wenden dieselben Methoden an wie wir, aber die Entfernungen sind im Durchschnitt nicht ein Zehntel von dem, was wir bei einem Transport erledigen.

In Südafrika ist die maximale Höchstlast pro Achse auf unter 20 Tonnen begrenzt. Um diese Auflage zu erfüllen, bedarf es teuerer Ausrüstung und eines Stabs hoch qualifizierter Mitarbeiter, was Millionen von Rand kostet.

Schwerlastverkehr in Südafrika in kritischer Phase

Der Sektor der Ultra-Schwerlast-Zugmaschinen sieht sich einer schwierigen Lage gegenüber, da die Kosten für Ersatzteile und neue Fahrzeuge eine unakzeptable Höhe erreicht haben und die Nachfrage auf dem Markt begrenzt ist. Die beiden Wettbewerber auf dem Sektor sind Mammoet/Van Seumeren und Rotran. Dieses sind einzigen Unternehmen, die über 250 Tonnen schwere Lasten bewegen können. Um sich das leisten zu können, bedienen sie sich unglaublich wertvoller Ausrüstungen für den Transport schwerer Lasten.

Das Hauptproblem dabei ist, dass die Zugmaschinen, die 200 und mehr Tonnen schleppen, nicht vor Ort hergestellt werden. Diese Fahrzeuge müssen importiert werden, die Anschaffung ist also gebunden an die in gefährliche Höhen angestiegenen Wechselkurse. Die Einfuhrkosten eines MAN 48.700 VFA, 522 kW 8x8 truck-tractors von OAF Österreich betrugen 1994 schon 260 000 Rand. 1998 lagen sie bei 1,2 Millionen Rand, und 2001 etwa sind es bereits rund vier Millionen. Deshalb geht man inzwischen dazu über, ältere Fahrzeuge wieder aufzubauen, um sie weitere 15 bis 20 Jahre einsetzen zu können.

Üblicher Weise werden Transformatoren oder Generatoren zu Restmüllheizkraftwerken mit beamed Trailers transportiert. Befremdlich daran ist, das die Routen für diese Transporte festgelegt sind. Die Straßen sind sogar nach diesen Nicolas- und Cometto-Zugmaschinen benannt. Wenn man versucht, von einem beamed auf einen module umzusteigen, so hat man zunächst mit den Ausmaßen seine Probleme. Ein klassisches Beispiel: Um einen 340 Tonnen Transformator zu befördern würde man normalerweise einen Ultra Nicolas beamed Trailer 12x12-Achser mit 244 Rädern wählen. Bei einem module müsste ein 24-Achser genommen werden. Die ganze Last drückt sich auf die Mitte, die hinteren Achsen sind grundsätzlich vom Boden abgehoben, damit der Transformator in die gewünschte Position gebracht werden kann. Be- und Entladen sind sehr schwierig, da man entweder einen hydraulischen Lift oder hölzerne Träger verwenden muss, es sei denn, man baut eine hydraulische Hebe-Konstruktion. Das erfordert natürlich wieder einen zusätzlichen Zeitaufwand. Mit dem beamed oder Girder Trailer ist das Be- und Entladen einfach. Einen Aspekt hatte man stets übersehen: Das Ausloten des Gleichgewichtspunkts ist das Wichtigste überhaupt, weil im Vergleich zwischen module und beamed Trailer der c.o.g. 1 000 mm höher ist.

Mammoet MAN 48.700 8x8 Zugmaschine mit Nicolas 11 Achsen Modul und 90 Tonnen Druckbehälter

Mammoet MAN 48.700 8x8 Zugmaschine mit Nicolas 13 Achsen Modul und 230 Tonnen Druckbehälter

Mammoet MAN 48.700 8x8 Zugmaschinen (vorne Tandem, hinten Single) mit Nicolas 18 Achsen Modul und 285 Tonnen Druckbehälter aus Deutschland

Mammoet MAN 48.700 8x8 Zugmaschine und Nicolas 11 Achsen Modul mit Druckbehälter

Mammoet MAN 48.700 8x8 Zugmaschinen (Single vorn und hinten) mit Nicolas 9+12 Achsen Modul und einem 230 Tonnen schweren und 70 m langen Druckbehälter

Mack DM 686 6x4 Zugmaschine

Die neuen Zugmaschinen sind, im Vergleich zu den Pacifics, die in Südafrika im Einsatz waren, entschieden kleiner. Daher haben sich die Begleitkosten reduziert und somit endlich auch die Kosten für die gesamte Operation.

Man muss bedenken, dass die südafrikanischen Bedingungen die Schlimmsten sind, denen sich ein Fahrzeugführer ausgesetzt sehen kann: Einsatz in der Höhe (1 800 m über dem Meeresspiegel), hohe und niedrige Außentemperaturen (48°C und -6°C) in Verbindung mit großen Entfernungen (1 800 km Hin- und Rückfahrt sind üblich).

Über die Jahre hinweg hat SAR&H beim Gesetzgeber zu erreichen versucht, dass die Bemessungen von Brücken und Straßen dem Schwerlastverkehr angepasst werden. Die geltenden Bestimmungen nämlich versetzen den Unterhalter automatisch in den Nachteil, dass er teure Zugmaschinen anschaffen muss, um die Richtlinien für die Straßenverkehrsordnung einzuhalten, wonach nicht mehr als 20 Tonnen pro Achslinie erlaubt sind. In Südafrika werden die größten und schwersten beamed Trailer der Welt gefahren. Der größte ist der 80 Meter lange Supra Cometto aus Italien, der mehr als 300 Tonnen Leergewicht hat. Dieser Trailer kostete Eskom 1996 mehr als 5 Millionen Rand. Vollständig montiert ist dieser Trailer nur sieben Mal im Einsatz gewesen.

Historie der Pacific Truck & Trailer BC

PT&T wurde 1947 von drei ehemaligen Angestellten der Hayes Manufacturing Company gegründet, speziell um Lastwagen für die Holzgewinnung in Nord-West-Kanada zu produzieren. Seitdem hat sich PT&T darauf spezialisiert, obwohl auch Lastwagen für Arbeiten auf Ölfeldern und schwere Straßen-Fahrzeuge für Anhänger hergestellt werden. 1970 wurde PT&T von International Harvester in Kanada aufgekauft, die sie 1984 wieder an ein Subunternehemen der British Inchcape Group in Malaysia verkaufte. Der P12 ist als ein starrer 6x4 Kipper gebaut, als Traktor oder Lkw für ein Ölfeld in starrer Form oder als Sattelschlepper. Die Modelle für die Ölfelder heißen im Volksmund als „Raufbold" (roughneck).

Der Markt von PT&T vergrößerte sich im Lauf der Jahre mit einer gestiegenen Anzahl von P12, indem sie die Vancouver Insel eroberten durch das Abwärts-Schleppen von 200 Tonnen Lasten bei stärkstem

Gefälle. Diese Vehikel waren für lange Zeit die Lebensader in der Nutzholz-Industrie. Nachdem Hayes Manufacturing Company 1975 ihre Firma, die seit 1934 bestanden hatte, im Jahre 1975 schlossen, war PT&T der einzige Lieferant für die Nutzholz-Industrie an der Westküste von Kanada und für Quebec.

1972 orderte die südafrikanische Eisenbahngesellschaft vier Zugmaschinen, die zu dem Zweck gebaut worden waren, schwerste Lasten zu schleppen. Mit dem Eintreffen dieser Vier war der Weg geebnet für den späteren Ankauf weiterer Exemplare. Diese Maschinen waren mit Cummins VTA 1710-635 V12 Motoren ausgestattet, aber heruntergesetzt auf 525 hp. Alle hatten Clark 16820-7 Getriebe, DCA 24 Schuler Vorder- und BD-101,000 Hinterachsen. Die Fahrerhäuser waren achsversetzt, um dem Fahrer eine bessere Sicht zu ermöglichen.

Ein Auftrag über 14 weitere Maschinen kam 1974 von SAR&H. Die Fahrzeuge waren ausgestattet mit Cummins KTA-1150-C600 Sechszylinder-Motoren, Clark Getriebe 16820-7 und Schuler und Clark Vorder- und Hinterachsen. Und noch ein Folgeauftrag kam 1977 von SAR&H über fünf Zugmaschinen. Sie wurden ULTRA Pacific P12W3 genannt, mit der Ausstattung von Cummins VTA 1710-C800 V12 Motoren, 28 Liter, Clark 16281-8 Stufengetriebe, Schuler DCA24 und Rockwell SPR570 Vorder- und Rückachsen. Diese waren die größten und leistungsfähigsten on-highway-Zugmaschinen der Welt. Die Verknüpfung von fünf Maschinen war nur einmal 1986 erfolgt, als alle fünf gebraucht wurden, um den mächtigen Supra Cometto beamed Trailer mit einem Gewicht von über 860 Tonnen und einer geschätzten Länge von 140 Metern zu ziehen.

Mercedes-Benz
Neue Generation von 6x6 Zugmaschinen

Mercedes-Benz hat der Republik vor einiger Zeit sein neues Flagschiff im Bereich Nutzfahrzeuge vorgestellt: Eine Schwerlastzugmaschine 3850 AS/38 6x6. Die ersten beiden Fahrzeuge für SATS kommen von Daimler-Benz aus Wörth in Deutschland. Sie sind bestimmt für den Transport von Transformatoren und Druckbehältern. Der Mercedes-Benz 3850 As/38 ist

MAN/ÖAF 40.700 6x6 Zugmaschine

MAN/ÖAF 40.700 6x6 Zugmaschine mit Nicolas 10 Achsen Modul und einem 120 Tonnen P&H Schaufelbaggerteil

ausgestattet mit einem Daimler-Benz OM 423 V10 turbo-zwischengekühltem Motor, dem leistungsstärksten in diesem Bereich. Speziell für das Transportieren von Lasten bis zu 220 Tonnen entwickelt, wird dieses Fahrzeug gegenwärtig bei der Produktion von maschinellen Atlantis Diesel Anlagen in Kapstadt eingesetzt. Es zeigt bei einer Verdrängung von 18,3 Litern eine Leistung von 368 kW bei 2 300 Umdrehungen pro Minute und einem höchsten Drehmoment bei 1 200 Umdrehungen pro Minute von 2 000 Nm.

Die eigentliche Arbeit der Maschine im Niedrig-Geschwindigkeits-Bereich erfordert einen zweiten Radiator mit Visco-Kühlung. Dieser Kühler ist hinter dem Führerhaus gelagert. Ein zweiter Generator ist unter dem Radiator angelegt, genauso wie ein zweiter Luftkompressor, die mittels des Motors p.t.o. (power take off) betrieben werden. Eine ZF WSK 400 Wandler-Kupplung ist installiert zur Übertragung der starken Motorleistung auf die Straße. Direkt an den Motor angebaut, bezieht sie das Wandlergetriebe mit ein. Das ZF 16S 160A Getriebe mit angeflanschtem Verteilergetriebe (1:1 ratio) ist getrennt auf dem Fahrgestell aufgebaut. Die Drehmoment-Aufteilung zwischen Vorder- und Hinterachse beläuft sich auf 1:3,32. Ein Differentialverschluss gestattet eine starre Verbindung zwischen Vorder- und Hinterachse. Das Drehmoment des V-10 Motors erlaubt eine Getriebeübersetzung von 11,74 im ersten und 0,87 (übersteuert) im sechzehnten Gang. Das genaue 16-Gang Stufengetriebe ermöglicht ein sehr wirtschaftliches Fahren sowohl in niedrigen als auch in hohen Gängen. Die Bremszylinder wurden vergrößert, die Feststellbremse wirkt auf die Vorderachse. Die Maschine läuft auf 14,00 R20 Michelin Reifen.

MAN/OÄF
Neue Generation 8x8 Zugmaschinen

Der beliebteste Mann in der Schwerlast-Szene war Henry P. Fraser sen. Fraser's Machine Moving & Rigging Company wurde von Henry Fraser gegründet und betrieb eine kleine Anzahl von Kenworth W900.

1984 war Fraser der direkte Konkurrent des mächtigen SAR&H Schwerlasttransporter-Unternehmens. Teil seiner Strategie war es, mit neuer Antriebstechnik einen Wettbewerbsvorteil zu erlangen gegenüber SAR&H, die mit veralteten Fahrzeugen ausgestattet waren. Jedes der Vehikel aus dem SAR&H Fahrzeugpark brauchte Begleitschutz und Erlaubnis, ganz gleich ob sie leer oder voll beladen fuhren, weil sie breiter waren. So erwarb Henry Fraser die ersten zwei MAN 48.700VFAR, 522 kW und 2 100 Nm bei 1 600 rpm (U/min).

„Wir haben auf der ganzen Welt nach diesen Fahrzeugen gesucht" sagte der leitende Direktor Henry Fraser, „sie zeigen technischem Fortschritt in diesen Bereichen. Ihre Anschaffung war erforderlich, um in der Zukunft mit der Entwicklung Schritt halten zu können, wir beide, wir und MAN".

Von dem Tag an, an dem sie in Dienst gestellt worden waren, bewegten sie alle Eskom Transformatoren bis zu 200 Tonnen. Im Laufe der nächsten zehn Jahre schaffte Frasers Machine Moving & Rigging zwei weitere Fahrzeuge an, so dass er damit der größte Einzelnutzer von MAN 48.700 8x8 außerhalb Europas war. So hatte er in Südafrika bewiesen, dass die Einführung von neuen Technologien zum Erfolg führt.

1993 verstarb Henry P. Fraser sen. und letzten Endes verkauften die Erben die Firma an ein kleines Frachtunternehmen. Binnen eines Jahres erwarb Mammoet aus den Niederlanden den kompletten Fahrzeugpark und brachte noch einen zusätzlichen MAN 48.700 8x8 ein, um die vorhandenen vier Maschinen zu ergänzen.

MAN/ÖAF 40.700 und Mercedes-Benz AS 3850 mit Nicolas 8 Achsen Modul

Pacific P12W3 (500 hp) triple headed und Nicolas 20 Achsen Modul mit 285 Tonnen Metallturm

Pacific P12W3 (500 hp) tandem pulling and single Pulling und Nicolas 20 Achsen Modul mit 230 Tonnen Metallturm

Pacific P12W3 (500 hp) pulling and pushing mit Nicolas 6+8 Achsen Modulen und 120 Tonnen Behälter (Länge 100 m)

Ultra Pacific P12W3 (800 hp) tandem pulling und Nicolas 12 Achsen Modul mit 230 Tonnen Behälter

Ultra Pacific P12W3 (800 hp) triple heading (Rotran Transport)

MAN/ÖAF 40.700 und 40.502 8x8 Zugmaschinen mit Nicolas 12 Achsen Modul und einem 150 Tonnen Transformator

MAN/ÖAF 40.502 und 40.700 6x6 Zugmaschinen mit Nicolas 12 Achsen Modul und einem 150 Tonnen Reaktor

MAN/ÖAF 40.502 und 40.700 6x6 Zugmaschinen (pulling) und Nicolas 10x10 beam trailer mit einem 250 Tonnen Transformator und einer schiebenden Pacific P12W3 (500 hp)

Mercedes-Benz AS 3850 und Ultra Pacific P12W3 (800 ph) mit Cometto 14 Achsen trailer und einem 273 Tonnen Reaktor

MAN 40.700 6x6 und zwei Ultra Pacific P12W3 (800 hp) ziehen einen Nicolas 12+12 beam trailer mit 300 Tonnen Generator, der auch noch von einer MAN 40.700 6x6 Zugmaschine geschoben wird

Drei Pacific P12W3 Zugmaschinen (500, 800, 800 hp) ziehen und eine Ultra Pacific P12W3 (800 hp) schiebt einen Nicolas 12x12 beam trailer, der mit einem 350 Tonnen Transformator beladen ist

Mack DM 686 Tandem

Kenworth Brute C500 6x6 Zugmaschine mit Hendred Fruehauf 5 Achsen Trailer

Kenworth Brute C500 6x6 Zugmaschine mit Hendred Fruehauf 5 Achsen Trailer

Mercedes-Benz AS 3850 6x6 Zugmaschine mit 4 Achsen Auflieger und einem HD 1600 Komatsu Dumper

Reinecke Transport Mercedes-Benz AS 3850 6x6 Tandem mit Cometto 12 Achsen Modul und 150 Tonnen Reaktor

Foden 6AC 6x4 Zugmaschine mit 4 Achsen Auflieger und Komatsu Dumper

Steinmüller Mercedes-Benz AS 3850 6x6 Zugmaschine mit 5 Achsen Trailer und einem 50 Tonnen Druckbehälter

Q Transport Mercedes-Benz AS 3820 6x6 Zugmaschinen „pull and push" mit 8 Achsen Modul und 135 Tonnen Generator

Foden 6AC 6x4 Zugmaschine mit 4 Achsen Auflieger

Foden 6AC 6x4 Zugmaschinen mit 4 Achsen Auflieger und Clark Kettenladern

Kenworth Coe Zugmaschine mit 3 Achsen Auflieger und einer 45 Tonnen Presse

Q Transport ERF 6x4 Zugmaschine mit 4 Achsen Auflieger

Foden 6x4 Zugmaschine mit 4 Achsen Auflieger und einem 32 Tonnen Druckbehälter

International Harvester Paystar 5000 6x4 Zugmaschine mit 4 Achsen trailer und einem Komatsu Kettendozer

Gittermast-Autokrane

Einsatzbeispiele aus den siebziger Jahren

von Rainer Oberdrevermann

Hebezeuge aller Art haben mich, neben meiner Vorliebe für Erdbewegungsgeräte, ebenfalls schon immer fasziniert, insbesondere aber die im weiten Feld des Bauwesens und den hiermit in Zusammenhang stehenden Montagearbeiten eingesetzten Großkrane. Hierbei spielte es aus meiner Sicht keine Rolle, ob es sich bei diesen nun um mobile Autokrane oder Raupenkrane, um auf Schienen frei verfahrbare Turmdrehkrane, um für den Zeitraum ihres oftmals lange andauernden Einsatzes auf Großbaustellen oder im Hafen permanent oder zumindest über einen längeren Zeitraum ortsfest aufgebaute Derrickkrane handelte oder gar um solche absoluten Exoten wie beispielsweise Kabelkrane. Interessant waren sie aus meiner Sicht ausnahmslos alle, und so war mir (fast) kein Weg zu weit, um derartige Geräte aufzuspüren und zu beobachten.

Ich möchte hier einige der zu jener Zeit für mich besonders interessanten Gittermast-Autokrane herausgreifen und vorstellen, die während der siebziger Jahre eingesetzt wurden. Über Derrickkrane, Portalkrane, Turmdrehkrane, Raupenkrane, Revolverkrane und Kabelkrane berichte ich im Jahrbuch Baumaschinen 2005.

Neben den reinen Baukranen sind die Gittermast-Autokrane vielleicht die bekannteste Gruppe der Hebezeuge. Zwischenzeitlich allerdings haben die wesentlich flexibler und damit auch wirtschaftlicher einzusetzenden Teleskopkrane diesen bei weitem den Rang abgelaufen.

Der seinerzeit mit Sicherheit innerhalb von Europa, vermutlich aber sogar weltweit leistungsfähigste, auf Reifen rollende Autokran war der im Jahr 1971

Der Rosenkranz K 1000 Groß-Autokran mit den auf öffentlichen Straßen aus Gewichtsgründen separat zu transportierenden, hier aber bereits betriebsbereit angebauten Ausleger-Hubwinden und dem A-Bock, wird über eine Distanz von einigen Metern zur endgültigen Aufbaustelle hin verfahren

Ansicht des vollständig aufgerüsteten Grundgerätes des K 1000 Autokranes auf einer Kraftwerksbaustelle; sichtbar sind zwei der erforderlichen seitlichen Abstützungen sowie das hintere Kranfahrwerk, das aus einem von der Firma Scheuerle gelieferten vierachsigen Plattformwagen besteht

vorgestellte K 1000 des Kranverleihers Paul Rosenkranz aus Witten. Ursprünglich allerdings wurde er recht konservativ lediglich als K 700 bezeichnet; entsprechend waren seine sämtlichen Auslegerteile und Ballastgewichte ursprünglich gekennzeichnet. Das Grundgerät war als Sattelauflieger ausgebildet, gezogen von einer fünfachsigen Faun Sattelzugmaschine. Eine weitere Achse war direkt am Gelenkunterwagen angeordnet, und das übrige Gewicht des Kranes wurde von einem vierachsigen Scheuerle Nachläufer übernommen. Dieser Kran konnte die damals unglaubliche Hublast von bis zu 1 000 Tonnen bewältigen, die er allerdings niemals wirklich hat heben müssen. Auch mit der ebenfalls durchaus rekordverdächtigen, maximal möglichen Auslegerlänge von 202 m, zusammengesetzt aus Hauptausleger und wippbarem Spitzenausleger, bei der er mit 25 m Ausladung immerhin noch 5 Tonnen heben konnte, wurde er nie aufgerüstet. Die erforderlichen Abstützarme waren sternförmig zentral direkt an dem als Topf bezeichneten Bauteil anzubringen, auf dem der Drehkranz für den Kranoberwagen verschraubt war. Daher konnte der Fahrzeugrahmen von den aus dem Kranbetrieb resultierenden zusätzlichen Belastungen weitgehend freigehalten werden. Angetrieben wurde das Gerät von zwei Zwölf-Zylinder-Dieselmotoren mit zusammen 850 PS, einer in der Zugmaschine und der andere im Kranoberwagen untergebracht. Der Antrieb der Winden und des Schwenkwerkes im Oberwagen erfolgte auf hydrostatischem Weg. Der Hauptausleger hatte die Querschnittsmaße 2,3 x 3,0 m. Der Kranzug, der natürlich nur mit Sondergenehmigung und unter Polizeibegleitung auf öffentlichen Straßen fahren durfte, brachte es auf eine Gesamtlänge von 23 m bei einem Gewicht von 118 Tonnen. Um dieses höchstzulässige Transportgewicht überhaupt einhalten zu können, musste sogar der hintere Teil des Oberwagens einschließlich des Windwerkes zum Verstellen des Auslegers und des A-Bocks abgebaut und separat per Tieflader transportiert werden. Dies galt natürlich erst recht für die erforderlichen Gegengewichte, von denen allein die auf dem Oberwagen angebrachten in ihrer Summe eine Masse von insgesamt 320 Tonnen ausmachten.

Gemeinsamer Umschlag eines Dampferzeugers in Oberhausen durch je einen 600 Tonnen und einen 500 Tonnen tragenden Autokran der Bohne-Gruppe in ein Kanalschiff. Gut zu erkennen sind die zentralen Abstützungen beider Geräte und die unterschiedlichen Bauarten der Fahrwerke

ROSENKRANZ
ROSENKRANZ

Anlegen der Hubseile an einen Dampferzeuger, der zuvor auf einem 16-achsigen Plattformwagen transportiert wurde; sicherlich nicht so ganz „im Sinn des Erfinders“ ist die Verwendung des Teleskopauslegers als Hilfsmittel zum Überstreifen der schweren Trosse über das Druckgefäß

Rosenkranz K 500 Gittermast Autokran, zum Zeitpunkt dieser Aufnahme allerdings bereits mit dem „Bohne"-Schriftzug versehen; der Oberwagen ist aufgesetzt auf ein einrahmiges, achtachsiges Faun Fahrgestell, das den Straßentransport ohne größere Demontagen gestattet

Der K 1000 wurde häufig für Großmontagen beim Bau von Kraftwerken und für das Montieren von unteilbaren Schwerlasten in der chemischen Industrie eingesetzt. Gebaut worden war er unter maßgeblicher Beteiligung der Firma Krupp. In den Achtziger Jahren wurde dieser Kran dann an den englischen Kranverleiher Baldwins verkauft.

Auch die kleineren direkten Vorgänger des K 1000, wie der Rosenkranz K 200 mit einer Tragkraft von 200 Tonnen aus dem Jahr 1966 und der Rosenkranz K 500 (später zum K 600 aufgewertet) mit einem Leistungsvermögen von 500/600 Tonnen aus dem Jahr 1968, bei dem es sich sogar um den ersten Autokran mit einer Kapazität von 500 Tonnen überhaupt gehandelt haben soll, waren als Gelenkzüge ausgebildet. Einen spektakulären Kraneinsatz konnte ich 1973 in Oberhausen verfolgen. Es handelte sich um den Umschlag eines 320 Tonnen auf die Waage bringenden Dampferzeugers, der für das KKW Biblis bestimmt war, vom Tieflader in ein Schiff. Für den Hub bereitgestellt werden mussten auf Grund des hohen Gewichtes der Last und der erforderlichen Ausladung gleich zwei große Gittermastkrane: der Gottwald des Kranverleihers Toense mit einer Tragkraft von 500 Tonnen und der bereits erwähnte 600-Tonnen-Rosenkranz-Kran. Beide Kranbetreiber, die zu Beginn der Siebziger Jahre als die Nummer 3 bzw. die Nummer 1 der Branche in Deutschland galten, hatten sich erst kurz zuvor unter dem Dach der Bohne-Gruppe zusammengeschlossen. Eine gute Koordination aller Kranbewegungen war selbstverständliche Voraussetzung für diesen Hub, der völlig problemlos über die Bühne ging.

Rosenkranz ließ ab 1972 aber auch gleich mehrere 400 Tonnen bis 500 Tonnen tragende einrahmige Autokrane für den eigenen Bedarf bauen, die jeweils auf einem von Faun speziell konstruierten und hergestellten Acht-Achs-Fahrgestell mit einer Länge über alles von 18 m aufgebaut wurden.

Gottwald baute seine bis zu 500 Tonnen hebenden Großkrane zu jener Zeit häufig als Sockelkrane ohne eigenes Fahrwerk, die zum Transportieren auf Baustelle oder Straße zwischen zwei Tieflader-Fahrgestellen eingehängt wurden. Andere Gottwald Großkrane mit einer Tragkraft von ebenfalls bis zu 500 Tonnen waren als einmotorige Mobilkrane konzipiert und rollten auf bis zu acht zwillingsbereiften Achsen; für den Straßentransport über weitere

Strecken allerdings mussten sie von einer Zugmaschine geschleppt werden.

Als ein Beispiel für diesen Krantyp mag ein Gerät mit einer Tragfähigkeit von 350 Tonnen dienen, das ich bei Montagearbeiten für das in den Siebziger Jahren in Hamm-Üntrop im Bau befindliche Kernkraftwerk im Einsatz beobachten konnte. Der Kran war das zu jenem Zeitpunkt größte Gerät des niederländischen Kranvermieters Van Twist, der später in Big Lift umfirmierte. Bei diesem Gerät wurden, wie von den kleineren Autokranen her geläufig, die Abstützkräfte über den Rahmen geleitet, und entsprechend kräftig musste dieser ausgelegt sein. Inzwischen ist das zu jener Zeit im Bau befindliche Kraftwerk, das nie fertig gestellt wurde, bereits längst wieder Geschichte, ebenso wie leider auch der zu ihm gehörige und recht bekannt gewordene, einzigartige Seilnetz-Kühlturm. Bei letzterem handelte es sich um eine mit Aluminiumplatten belegte, aus Stahlseilen gebildete Netzkonstruktion mit einem größten Durchmesser am Boden von 141 m, die eine Höhe von 147 m besaß und an einem sogar 180 m hohen Betonmast befestigt war. Bereits vor vielen Jahren musste der Kühlturm bedauerlicherweise gesprengt werden.

Ein weiterer Autokran von aus damaliger Sicht durchaus ungewöhnlicher Größe, gebaut von Gottwald gegen Ende der Sechziger Jahre, war auf ein Acht-Achs-Fahrgestell aufgesetzt und in der Lage 220 Tonnen zu heben. Ein derartiger Kran war das Hauptgerät bei einem interessanten Hub in Hamburg. Ein im Rahmen des Baus der Köhlbrand-Hochbrücke eingesetzter Liebherr Portalkran, dessen beachtliche Hubkraft von 2 x 50 Tonnen dort nicht mehr benötigt wurde, wurde mit Hilfe des Gottwald Autokranes sowie mit sechs weiteren Kranen unterschiedlichster Größen abgebaut. Zu diesem Zweck wurde der Bockkran zunächst komplett angehoben. Anschließend wurden seine vier Standbeine gleichzeitig jeweils durch einen Kran aus ihrer ursprünglichen Position seitlich abgeschwenkt, und so konnte schließlich der Brückenträger bis auf den Erdboden abgesenkt werden. Aus heutiger Sicht durchaus als ungewöhnlich zu bewerten waren bei dieser Aktion insbesondere der Einsatz eines P&H Autokranes amerikanischer Herkunft, der im Tandemhub zusammen mit einem Teleskopkran eingesetzt wurde, und die Verwendung eines kleineren Liebherr Turmdrehkranes zum Verschwenken eines der Kranbeine.

Achtachsiger Gottwald Mobilkran mit einer installierten Hubkraft von 350 Tonnen bei Montagearbeiten für ein Kraftwerk; wie bei vielen der Großkrane aus jener Zeit ist der Führerstand zwischen den Ausleger-Anlenkpunkten installiert

Der ursprünglich für eine Hubkraft von 300 Tonnen ausgelegte, später dann sogar auf eine Leistung von 400 Tonnen aufgerüstete Gottwald Gittermast-Autokran eines schweizerischen Kranverleihers. Das 3-Achs-Zugteil konnte, falls beispielsweise für den Transport per Bahntieflader erforderlich, relativ einfach abgekoppelt werden

Gottwald 220 t Autokran nach der soeben beendeten Demontage eines Portalkranes. Im Vordergrund ist noch der Haken des Turmdrehkranes sichtbar, der während des Abbaus eine der Kranstützen anzuheben hatte

Von Demag gebauter Oberwagen des damals recht häufig eingesetzten TC 1200 Autokranes. Auf dieser Brückenbaustelle in Belgien, aufgesetzt auf einen maßgeschneiderten und in Längsrichtung verschiebbaren Rahmen, findet er allerdings unter der Typenbezeichnung MPC 1200 als Sockelkran Verwendung

Und schließlich war ein weiterer aus jener Zeit stammender Gottwald Autokran, ebenfalls auf einem Acht-Achs- oder alternativ sogar, abhängig von der zulässigen Achslast, auf einem Neun-Achs-Fahrgestell aufgebaut, für eine Tragkraft von 400 Tonnen ausgelegt. Das Besondere an diesem Gerät lag unter anderem darin, dass das Antriebsteil mit den drei vorderen Achsen ohne allzu großen Aufwand vom Kranteil getrennt werden konnte. Auf diese Weise sollte der Bahntransport per Tieflader erleichtert bzw. sogar erst ermöglicht werden. Einen Einsatz eines solchen Kranes, Eigentum des schweizerischen Kranverleihers Toggenburger, konnte ich beim Bau der Ahrtalbrücke im Verlauf der BAB A 61 bei Bad Neuenahr beobachten. Bis zu 220 Tonnen schwere, an Ort und Stelle gegossene und nach ihrer Funktion als Querträger bezeichnete Betonelemente waren bei geringstmöglicher Ausladung auf die ansonsten bereits fertig gestellten Brückenpfeiler aufzusetzen. Bei den höheren Pfeilern reichte dann selbst die Hubleistung dieses Kranes nicht mehr aus. Zum Einsatz kam an seiner Stelle ein bis zu 600 Tonnen hebender Gottwald Sockelkran der Firma Schmidbauer mit einem Ausleger von 71 m Länge. An das Grundgerät wurden zum Transport zwei je dreiachsige Tieflader-Fahrgestelle angebaut. Von diesem speziellen Kran wird später übrigens in anderem Zusammenhang nochmals die Rede sein. Nach Beendigung der Montagearbeiten an einem Pfeilerpaar musste der Kran zu den nächsten Pfeilern jeweils über eine speziell angelegte Verschubbahn umgesetzt werden. Dieses Verfahren erlaubte einen Transport des Gerätes in weitgehend aufgerüstetem Zustand.

Dass sich ein großer Montagekran durchaus auch als vollwertiges Brückenvorbaugerät einsetzen lässt, was ansonsten in aller Regel den speziell für diesen Zweck konstruierten Strebenderricks vorbehalten war, konnte ich beim Bau einer Stahlbrücke für eine Autobahn in Belgien beobachten. In der Nähe von Lüttich hob ein Demag Sockelkran MPC 1200, eine Variante des bekannten, 250 Tonnen tragenden TC 1200 Autokranes, 71 Tonnen schwere Stahlteile in die richtige Lage für deren Montage im Freivorbau. Vor jedem Hubvorgang musste das Gerät fest auf der Brückenkonstruktion verankert werden. Anschließend wurde der Sockelkran einfach durch Windenzug weiter nach vorne gezogen. Das Grundgerät mit einem Gewicht von lediglich 52 Tonnen konnte beim Transport zu einer anderen Baustelle zwischen zwei Radsätzen verfahren werden.

Der Transport nach dem Transport

Vom weiten Weg zwischen Straße und Zielort

von Stephan Bergerhoff

Mehr denn je stehen Schwertransporte heute im Focus der Öffentlichkeit, etwa weil immer häufiger darüber in den visuellen Medien berichtet wird, aber auch durch das Internet. Gerade hier finden sich immer mehr interessierte Menschen aus allen Teilen der Welt zusammen, um über kleinere wie größere, aber immer irgendwie spektakuläre Schwertransporte zu berichten und fachzusimpeln. Neuerdings geschieht dies jedoch mit einem manchmal schon als ungesund zu bezeichnenden Eifer, der nicht nur Schwerlastbetreiber und Anwender am Segen des World Wide Web zweifeln lässt. Damit zeigt sich einmal mehr, dass schnellebige Medien doch keine wirkliche Alternative zu einem guten Buch sein können...

Geht der Transport einer übergroßen oder überschweren Fracht über öffentliche Straßen schon mit einem gehörigen, oft bürokratischen Aufwand einher, so fängt ein anderer Teil erheblicher Arbeit oft erst nach dem Schwertransport an, nämlich dann, wenn es darum geht, die Ladung vom Tieflader bis zum tatsächlichen Zielort zu befördern. Am Beispiel einer rund 140 Tonnen schweren Formblech-Presse soll nachfolgend der nicht gerade einfache, aber dennoch erfolgreiche Transport durch die Hallen eines Produktionsbetriebes beschrieben werden.

Im August 2002 bestand die Aufgabe darin, eine hydraulische 1000t-Presse zur Herstellung von Formblechteilen vom Hersteller der Presse in Esslingen bis in die Produktionshalle des künftigen Anwenders nach Köln zu transportieren und aufzustellen. Die Fahrt mit dem 95 t schweren Pressenständer über die Autobahn verlief dabei noch völlig problemlos. Erst die letzten, in der Fahrgenehmigung

Festgesetzt: Straßentransport des Pressenständers

Werkzeugträger der Presse mit etwa 40 t. Unten: Blick in die Produktionshalle

Umladen der Hydraulikpumpen

200 t-Mobilkran in der Nachbarhalle

gänzlich unerwartet durch ein enges Wohngebiet geführten fünf Kilometer, bremsten den Transport aus und hatten eine 18-stündige Verspätung zur Folge. Die zuständigen Behörden zeigten sich zwar einsichtig, offenbar eine fehlerhafte Fahrtroute vorgegeben zu haben. Man sah sich jedoch nicht in der Lage, kurzfristig einer Weiterfahrt am Tage zuzustimmen, hätte doch der Straßenbelag in der Sommerhitze unter den schwer belasteten Achsen des Tiefladers zu sehr gelitten. Genug Zeit also zum umdisponieren, denn nun war Nachtarbeit angesagt und die einzusetzenden Fahrzeuge und Gerätschaften hätten am nächsten Tag wieder auf anderen Baustellen neue Aufträge erledigen sollen. Des weiteren brachte man inzwischen sämtliches Zubehör der Presse mit Stückgewichten bis 40 t an den Aufstellplatz und erledigte auch sonst alle irgendwie im voraus zu treffenden Vorbereitungen, wie etwa die Positionierung eines 200 t-Mobilkranes in der Halle.

Am späten Abend erreichte der Schwertransport mit dem Pressenständer das Firmengelände und es wurde sogleich damit begonnen, die Ladung mit

Umladen des Pressenständers. Der 6-Achs-Roller schafft bis zu 130 t

Engpass: Die Einfahrt in die Produktionshalle gelang nur in schräger Linie

Einfahrt und Aufrüstung des 400 t-Kranes

Hilfe eines 400 t-Mobilkranes auf einen Schwerlastroller umzuladen. Im nächsten Schritt war nun der Pressenständer auf dem Roller mit einem 8 t-Stapler in eine Lagerhalle zu ziehen. Das Hallentor als Engstelle konnte dabei mit geschicktem Rangieren noch recht zügig passiert werden. Schwieriger gestaltete sich dann aber der Übergang in die Produktionshalle, denn dieser war, an einer anderen Presse vorbei, nur in schräger Linie zu durchfahren. Bis hier die Ideallinie gefunden war, musste mehrfach vor- und zurückgesetzt werden, auch unter Einsatz eines zweiten Gabelstaplers.

Zu inzwischen fortgeschrittener Stunde wurde nun auch der 400 t-Kran in die Produktionshalle gefahren, um im weiteren Verlauf den Ständer aufzurichten und einzuheben. Dabei wurde wieder einmal sehr deutlich, was ein guter Mobilkran ist: Kompakt, wendig und bärenstark. Nachdem dieser abgestützt und ballastiert war, ging man daran, den Pressenständer mit zwei Kranen, dem schon am Morgen aufgebauten 200 Tonner und dem 400 Tonner, anzuheben und aufzurichten. Viel Platz unter dem Hallendach hatte der 400 t-Kran zwar nicht, aber es hat gereicht, um den Ständer aufrecht stehend noch einmal auf dem Schwerlastroller abzusetzen, denn es waren noch einige Meter bis zum endgültigen Standort der Presse zurückzulegen. Und noch einmal richtig eng ging es beim letztmaligen Umsetzen des 400 Tonners zu, weil auf den exakten Standplatz des Kranes zu achten war. So musste dieser zwischen den Betonsäulen der Nachbarhalle stehen, um frei schwenken zu können. Auf der gegenüberliegenden Seite war außerdem der Platz zum Abstürzen sehr beschränkt, was aber kein wirkliches Problem für Profis ist.

Schlussendlich konnte im Morgengrauen der Pressenständer ein letztes Mal angehoben und auf sein Fundament gesetzt werden. Die weitere Montage hat sich aber natürlich noch über einige weitere Stunden hingezogen. Zurückblickend kann man sagen, dass diese Aktion trotz der kleineren und größeren Widrigkeiten eigentlich ziemlich glatt gelaufen ist, was sicher auf die sorgfältige Planung und profesionelle Ausführung zurückzuführen ist. Auf jeden Fall ist es eine tolle Erfahrung gewesen, dabei sein zu dürfen. Und viel Spaß hat es auch gemacht.

Anschlagen des Pressenständers

Aufrichten des Pressest채nders mit zwei Mobilkranen

Absetzen des aufrecht stehenden Pressenständers auf den Roller

Der Pressenständer steht aufrecht auf dem Roller. Rechts: Einheben des Pressenständers auf das Fundament

Universal Transporte Michels

UTM Paderborn

von Michael Müller

Als die Brüder Heinrich und Joachim Michels 1953 nach dem Krieg aus dem Osten zurück nach Paderborn kamen, fingen sie klein und unter vollem Pioniergeist mit einem LKW an.

Während man am Anfang Güter aller Art transportierte, kamen im Laufe dieser Epoche immer weitere Transportaufgaben hinzu. Schon in dieser sich noch im Aufbau befindlichen Zeit gingen die Brüder auf die Sonderwünsche Ihrer Kunden ein. "Gibt's nicht" gab es nicht, und wie noch heute wurde und wird versucht, Kundenwünsche und deren Erfüllung gemeinsam zu lösen.

Gerade in der im Raum Paderborn ansässigen Zementindustrie stehen jeden Tag auf das Neue zu lösende Transportaufgaben an. Da die Betonfertigteile immer komplexer und voluminöser werden, entscheidet nicht selten der Transportweg mit den Streckenvorgaben über eine letztendliche Fertigung. Hier wird eng mit den Konstrukteuren der Firmen zusammen gearbeitet. Universal zählt in der Betonteilelogistik zu den führenden Firmen in der Branche. Dieses ist aber nur ein Standbein von Universal. Ebenfalls einige Zeit nach der Gründung war der erste Silozug zum Zementtransport im Einsatz. Weitere Silozüge sollten folgen. Ebenso hatte man den ersten Siloabsetzanhänger im Betrieb. Heute ist die Silotransportsparte so weit ausgebaut, dass beispielsweise das Management für die Abfuhr von Gips aus der Rauchgasentschwefelung von Kraftwerken vollständig an Universal übergeben wurde.

Auch die Versorgung der Bauwirtschaft mit Zuschlagstoffen, der Landwirtschaft mit Düngemitteln bis hin zu Substraten zur Dachbegrünung vervollständigen die Palette. Weitere Sparten der Universal sind der Betrieb eigener Lagerhäuser sowie die Vermietung eines bebauten Industrieparks mit Geschäftsräumen in verschiedenen Größen und Gegebenheiten. Auch der Betrieb einer Tankstelle gehört von Anfang an zum Unternehmen.

Als innovatives Unternehmen nutzte Universal im Jahr 1989 selbstverständlich den Mauerfall und die damit verbundene Grenzöffnung, um sich in den neuen Bundesländern an adäquaten Standorten zu etablieren und damit das Filialnetz zu erweitern. Heute ist Universal in Wankendorf, Thyrow, Ladbergen, Leipzig sowie Prag (CZ) und Poznan (PL) vertreten. Gerade neu hinzugekommen ist der Standort Barnowicze in Weißrussland. Die logistische Zentrale ist in Paderborn. Von hier aus werden die rund 250 Mitarbeiterinnen und Mitarbeiter europaweit und kundenorientiert eingesetzt. Im Jahr 2003 feierte Universal das 50-jährige Jubiläum. Zum Fuhrpark gehören zur Zeit 115 Fahrzeuge, von denen 65 in Paderborn und Thyrow nahe Berlin stationiert sind, 20 in Poznan sowie 30 in Prag.

1957 wurde der Mercedes Benz 6.6 mit Trilexfelgen und hohem Kippaufbau zum Transport von Torf und Spänen eingesetzt. Auch erste Edelstahlauflieger zum Transport von chemischen Substanzen

Mercedes Benz 6.6 mit Trilex Felgen und hohem Kippaufbau zum Transport von Torf, 1957

Mercedes Benz 334 mit Edelstahlauflieger für den Transport von Chemieprodukten, ca. 1965

fanden den Weg in den Fuhrpark. In dieser Zeit waren hauptsächlich Mercedes-Benz- und Henschel-Fahrzeuge im Dienst der Spedition.

Als es noch Winterdiesel gab, und die Winter noch Winter im wahrsten Sinne des Wortes waren, wurden die Hauben mit wärmeschützenden Matten vor allzu großer Kälte geschützt, damit der Diesel nicht einfror.

Auf dem firmeneigenen Gelände am Frankfurter Weg gab es 1971 noch viel Platz. Die nun ausschließlich aus Mercedes-Benz Fahrzeugen bestehende Flotte wurde zum Wochenende jeweils ordentlich nach Hauber- und Frontlenkerzugmaschinen geparkt. Die Farbgebung der Fahrzeuge war bis zu dieser Zeit silber mit einer roten Bauchbinde.

Bereits in vielfältigem Einsatz waren die Nachläufertransporte mit den Betonteilen. Bodenelemente müssen aus statischen Gründen mehrfach übereinander geladen werden.

Um 1980 wurde die Farbgebung der Fahrzeuge auf den heute noch ausgeführten Stand geändert. Das Fahrgestell ist blau, das Fahrerhaus weiß und

1966 – Henschel trifft Lufthansa, 1966

Schrägsiloauflieger mit Mercedes-Benz Haubenzugmaschine, 1959

An kalten Wintertagen unterwegs mit Wärmeschutzmantel für den Motor, 1962

Auch Schiffstransporte führte man mit der Mercedes-Benz Zugmaschine mit Vorlaufachse durch, 1974

Am Frankfurter Weg 1971: Auf der einen Seite parken die Hauber, auf der anderen die Frontlenker. In der Mitte ist die firmeneigene Tankstelle zu sehen

Luftaufnahme vom Bertiebsgelände, im hinteren Bereich die Werkstatt, 1980

Mercedes Benz Jumbozug mit 100 m^3 Ladevolumen, 1984

die Vorderfront sowie das Dach sind in orange gehalten. Diese markante Farbgebung machen die Fahrzeuge schon von weitem als Universalfahrzeug ersichtlich.

Transportaufgaben aller Art werden durchgeführt, vom Segelboot über Maschinenteile bis zum Betonbinder, sogar Volumentransporte bis zu 100 m^3 werden befördert.

1984 war hier eine Goldhofer Hubhebelkesselbrücke im Einsatz. Die erste Reise führte von Steinhagen/Westfalen nach Süddeutschland. Eine Schubmaschine kam ebenfalls zum Einsatz. Welche Größe der Transport hatte, ist einem Zeitungsausschnitt aus der damaligen Berichterstattung zu entnehmen: "Einer der spektakulärsten Schwertransporte, eine insgesamt 58 Meter lange und 4,25 Meter breite wie hohe Stahlkarawane, hat sicher die Bundesrepublik durchquert. Der Tieflader rollt auf 76 Reifen. Aus Sicherheitsgründen wurde zur Auflage gemacht, dass der Transport nur in der Zeit von 22 bis 6 Uhr fahren darf, die Geschwindigkeit 18 km in der Stadt, 25 auf der Landstraße und 62 km auf der Autobahn nicht zu überschreiten hat. 600 km hat der Erdgaskessel nun zurückgelegt, nicht nur eine nervenaufreibende Sache für den Fahrer der 420 PS Zugmaschine. Um so größer die Freude, als man das Ziel erreicht hatte. Außer zwei geplatzten Reifen und unzähliger ausgegrabener Schilder und Ampeln hatte man den Behälter sicher am Ziel angeliefert."

Um 1987 erfolgte die fast komplette Fuhrparkumstellung auf MAN Fahrzeuge, die nun die anstehenden Transportaufgaben zu lösen hatten.

Kesselbodentransport mit MAN Zugmaschine, 1978

Segelboottransport mit Mercedes Zugmaschine und sechsachsigem Goldhofer Semitieflader, 1986

Lange Betonbinder in der Einfahrt zur Baustelle, 1985

Abtransport eines durch Motorbrand beschädigten Kranes, 1984

Betonteile auf A-Bockgestell. So ist ein sicherer Transport gewährleistet, 1983

Auch Stahlrohrkonstruktionen für Entschwefelungsanlagen werden gefahren, 1985

Erster Einsatz der Goldhofer Kesselbrücke 1986, unten: Schubmaschine mit Ladekran

Tiefbettauflieger mit Baggerrampen und Mercedes 2638, 1989

Kleine Reparatur vor der Abfahrt in der eigenen Werkstatt, 1990

Mercedes Benz 2635 mit dreiachsigem Nachläufer, 1990

Die Stückgewichte der Betonteile werden immer größer, man reagiert mit entsprechender Anpassung des Fuhrparks. 1996 werden erste Fahrzeuge mit Wandlergetriebe angeschafft. Ebenso werden Dollykombinationen erworben. Hiermit können auf den bis zu 11 Achsen bestehenden Zügen Stückgewichte bis 100 t gefahren werden. Im Jahr 2003 transportierte Universal den längsten in Deutschland bisher hergestellten Betonbinder.

Nach der Anschaffung von zehn Schwerlastzugmaschinen vom Typ 41.603 ist Universal der Betreiber mit den meisten Fahrzeugen dieser schweren Ausführung in Deutschland.

Im Jahre 1999 wurde im Sauerland eine riesige Holzbinderdachkonstruktion gefahren. Bei diesen gewaltigen Ausmaßen war der Nachläufer vom Fahrer kaum noch zu erkennen.

Bis auf wenige Fahrzeuge ist die MAN F90/F2000 Generation nun ersetzt. Während man im Schwerlastbereich weiterhin MAN Fahrzeuge einsetzt, kommen im Siloverkehr auch verschiedene Iveco-Fahrzeuge zum Einsatz. Durch weitere Investitionen ist man in der Lage, komplette Straßenbahnzüge vom Hersteller zum Kunden zu fahren. Über spezielle Tieflader kann die Straßenbahn über eine ebenfalls mitgeführte transportable Rampe ohne fremde Hilfe auf- und abgeladen werden. Das Gesamtzuggewicht der Kombination beträgt bis 120 t.

Da Universal auch in der Windkraftsparte tätig ist, wird ein Adapter zum Verfahren von großvolumigen Mastfußschüssen erworben. Ebenso wird in Kesselbettentieflader investiert. In diesen Tiefladern kann ein Turmstück auf der gesamten Länge aufgenommen werden. Ebenso kommen ausziehbare Tieflader für Flügeltransporte zum Einsatz. Weiter werden neun vierachsige MAN 41.530 Schwerlastzugmaschinen nach Wünschen von Universal bei Toni Maurer angeschafft. Diese ermöglichen mit den verbliebenen 600 PS MAN Zugmaschinen ein rationelles Einsetzen des Fuhrparks für jeden Lastfall.

Vierachsige MAN Zugmaschine mit Nachläufer und Deckenteilen

Dollykombination mit elf Achsen für 100 t Nutzlast, 1996

Gewaltige Fundamentenstütze. Man beachte den Distanzklotz aus Beton auf dem Drehschemel und den Freiraum zwischen Ladung und Rahmen

Teleskopsattel mit Betonständerteilen und dreiachsiger MAN Zugmaschine, 1993

Innenladersattel für hohe Betonteile, 1996

Bei langen Strecken werden Krane per Tieflader umgesetzt, 2002

Riesige Holzleimbinder bei der Abfahrt, ganz schön lang und breit, mit MAN 41.603 Zugmaschine

Deckenteiltransport (unten)
Kurz vor der Entladung (rechts)

Windradgondel und MAN 41.603 mit kurzem Radstand, 2003

Betonbinder mit Nachläufer, 2002

Windmühlenflügel mit ausgezogenem Vierachs Auflieger, 2003

Mastschuss einer WKA, transportiert mit Mastadapteraufnahmen, 2003

Man beachte die unterschiedlichen Kotflügelausführungen, 2003

Lang und schwer, Betonteile für ein Hochregallager, 2002

Übernommenes Fahrzeug in anderer Farbkombination, 2001 (oben)

Betonsturztransport, 1999 (Mitte)

Langer Tiefladesattel und dreiachsige MAN Zugmaschine 26.464 (links)

MAN 41.604 und Goldhoferkombination, 2003

Schweres Betonteil mit schwerer MAN Zugmaschine, 2003

Straßenbahn-transporter mit Aufgleisungsanlage (oben), 2003

Straßenbahn-transport auf dem Weg ins Ausland

Iveco mit Siloauflieger, 2003

Muldenkippauflieger
mit zweiachsiger
Iveco Zugmaschine,
2003

Iveco mit
Fernverkehrskabine und
Siloauflieger, 2003

Silosattel mit
Nahverkehrs-Fahrerhaus,
2003

Für bessere Traktion mit Ballastpritsche ausgerüstet, 2004

Brandneu, noch ohne Einsatzspuren, Kippsattelzug mit MAN TGA Zugmaschine, 2004

Fundamentstützentransport, 2004

Unteres Maststück einer Windkraftanlage im Kesselbett von Nooteboom, 2004

Innenlader mit Betonteilen, volle Ausnutzung der Ladehöhe ist hier gegeben, 2004

Vierachsiger Auflieger mit dreiachsiger TGA Zugmaschine, 2004

Abfahrbereit mit langem Betonteil, 2004

Man beachte die verschiedenen Kotflügelkombinationen, 2004

Erster Einsatz des Fahrzeugs Nr. 112, 2004

Zwei weitere Langmaterialfahrzeuge warten auf die Abfahrt, 2004

U-Bahn auf der Autobahn

von Frank Steckemetz

Am 27. Februar 2004 übernahm die Brandt Gruppe die Verladung und den Transport von zwei U-Bahn-Waggons. Die Waggons standen am S-Bahnhof Zeuthen (bei Berlin) und wurden dort als Geschäft genutzt. Als das Geschäft geschlossen wurde, entschied man sich, die Waggons zu verkaufen. Zur Verladung wurde ein Liebherr LTM 1100/2 mit Teilballast eingesetzt. Die Maße der Fracht waren: Länge 11,20 m, Breite 2,40 m, Höhe 3,10 m. Das Gewicht lag bei etwa 17 t. Deshalb entschied man sich für zwei Semitieflader von Nooteboom. Diese kamen als Nooteboom MCO 48-03 V mit jeweils einer Actros 3353 6x4 Zugmaschine zum Einsatz. Diese Dreiachs-Semis wurden um 3 m auf 12 m Bettlänge ausgezogen. Anschließend wurde die Lücke in der Ladefläche mit einer Stahlplatte abgedeckt. Nachdem die Fahrzeuge rückwärts zum Bahnhofsvorplatz gefahren waren, konnte mit dem Verladen begonnen werden. Dabei wurde zum Anhängen und Beladen lediglich eine halbe Stunde benötigt. Beide Fahrzeuge waren um 14 Uhr abfahrbereit und konnten sofort ihre Fahrt beginnen.

www.CAMPINGOLDTIMER.de
BRAN
80

BRANDT & WANGLER
3353
S

BRANDT & WANGLER
BRANDT & WANGLER
Kran- u. Transport GmbH
Magdeburg 0391/ 25 63 103
ACTROS
3353
Zeuthen

Wangler
DIESEL
DIESEL
733

Weitere empfehlenswerte Bücher des Podszun-Verlags

Fordern Sie kostenlos und völlig unverbindlich unseren neuen Prospekt an mit Büchern über:

- Lastwagen
- Motorräder
- Autos
- Traktoren
- Feuerwehrfahrzeuge
- Lokomotiven
- Baumaschinen

Verlag Podszun-Motorbücher
Postfach 1525, D-59918 Brilon
Email info@podszun-verlag.de
www.podszun-verlag.de
Fax 02961 / 9639900

136 Seiten, ISBN 3-86133-324-4
21 x 29 cm, fester Einband
EUR 24,90

144 Seiten, ISBN 3-86133-263-9
21 x 28 cm, fester Einband
EUR 19,90

144 Seiten, ISBN 3-86133-314-7
21 x 28 cm, fester Einband
EUR 19,90

144 Seiten, ISBN 3-86133-295-7
21 x 29 cm, fester Einband
EUR 19,90

240 Seiten, ISBN 3-86133-157-8
22 x 28 cm, fester Einband
EUR 44,90

240 Seiten, ISBN 3-86133-204-3
22 x 28 cm, fester Einband
EUR 44,90

260 Seiten, ISBN 3-86133-274-4
22 x 28 cm, fester Einband
EUR 44,90

144 Seiten, ISBN 3-86133-285-X
21 x 28 cm, fester Einband
EUR 24,90

256 Seiten, ISBN 3-86133-292-2
21 x 28 cm, fester Einband
EUR 24,90

144 Seiten, ISBN 3-86133-353-8
21 x 28 cm, fester Einband
EUR 24,90

144 Seiten, ISBN 3-86133-359-
21 x 28 cm, fester Einband
EUR 29,90

SCANIA
144G
GTX 036
460